BEI GRIN MACHT SICH IHR WISSEN BEZAHLT

Bibliografische Information der Deutschen Nationalbibliothek:

Die Deutsche Bibliothek verzeichnet diese Publikation in der Deutschen National-
bibliografie; detaillierte bibliografische Daten sind im Internet über http://dnb.d-
nb.de/ abrufbar.

Impressum:

Copyright © 2015 GRIN Verlag, Open Publishing GmbH
Druck und Bindung: Books on Demand GmbH, Norderstedt Germany
ISBN: 978-3-668-17661-4

Dieses Buch bei GRIN:

http://www.grin.com/de/e-book/318063/wir-entdecken-verschiedene-wuerfelnetze-
mathematik-3-klasse

Christa Lenz

Wir entdecken verschiedene Würfelnetze (Mathematik, 3. Klasse)

GRIN Verlag

GRIN - Your knowledge has value

Der GRIN Verlag publiziert seit 1998 wissenschaftliche Arbeiten von Studenten, Hochschullehrern und anderen Akademikern als eBook und gedrucktes Buch. Die Verlagswebsite www.grin.com ist die ideale Plattform zur Veröffentlichung von Hausarbeiten, Abschlussarbeiten, wissenschaftlichen Aufsätzen, Dissertationen und Fachbüchern.

Besuchen Sie uns im Internet:

http://www.grin.com/

http://www.facebook.com/grincom

http://www.twitter.com/grin_com

Zentrum für schulpraktische Lehrerausbildung Kleve

Seminar Grundschule

Schriftliche Unterrichtsplanung zum 5. Unterrichtsbesuch

im Fach Mathematik

Thema der Unterrichtsreihe

„Wir werden Experten für Würfelnetze"

Die SuS erkennen Zusammenhänge zwischen Würfelnetz und Würfelkörper und entdecken Kriterien und Eigenschaften von Würfelnetzen.

Thema der Unterrichtsstunde

„Wir entdecken verschiedene Würfelnetze"

Die SuS entdecken handlungsorientiert zunächst in Einzelarbeit möglichst viele verschiedene Würfelnetze, vergleichen und sortieren diese in der Gruppenarbeit und präsentieren ihre gefundenen Würfelnetze dem Plenum.

Klasse: 3

❖ **Einbettung der Stunde in die Unterrichtsreihe**

Zentrale Absichten der Unterrichtsreihe

In der vorliegenden Unterrichtsreihe bekommen die SuS die Chance, Eigenschaften geometrischer Körper kennen zu lernen und diese voneinander zu unterscheiden. Die handlungsorientierte Auseinandersetzung mit dem einfachen geometrischen Körper „Würfel" fördert bei den SuS die Entwicklung des räumlichen Vorstellungsvermögens. Zudem erkennen die SuS am Beispiel der „Würfelnetze" erste Beziehungen zwischen Flächenmodellen und Körpern. Durch die Auswahl offen formulierter Aufgabenstellungen können alle SuS eigenständig oder in Zusammenarbeit mit der Gruppe auf ihrem individuellen Lernniveau arbeiten und Entdeckungen machen. Des Weiteren wird ihre Lernfreunde am Unterrichtsfach Mathematik durch ausprobierendes, handlungsorientiertes Tun an mathematischen Inhalten gefördert.

(vgl. PIK AS: „Wir entdecken Würfelnetze")

Stunde	Thema	Zentrale Absicht
1.	Welche Körper kennen wir? - Die SuS ertasten in Partnerarbeit verschiedene Körper im Fühlbeutel, grenzen diese voneinander ab und finden Repräsentanten in ihrer Umwelt. 20.05.2015	Die SuS sollen verschiedene geometrische Körper erkennen und benennen, indem sie die Körper selbstentdeckend untersuchen und anhand ihrer geometrischen Eigenschaften voneinander unterscheiden.
2.	Der Würfel – Wir bauen ein Würfelkantenmodell - Die SuS erstellen ein Würfelkantenmodell, indem sie eigenständig die Anzahl der Ecken (Knetmasse) sowie Anzahl und Länge der Kanten (Zahnstocher/ Strohhalme) bestimmen. 21.05.2015	Durch die konkreten Handlungserfahrungen beim Bauen der Würfelmodelle, erkennen die SuS die Eigenschaften eines Würfels, hinsichtlich seiner Flächen, Ecken und Kanten.
3.	Wir lernen ein Würfelnetz kennen - Die SuS entdecken durch das Legen und Überprüfen mit konkretem Material ein „Schnittmuster zu einem Anzug für einen Würfel", übertragen dieses auf Papier und erkennen grundlegende Besonderheiten von Würfelnetzen. 27.05.2015	Die SuS erkennen die Zusammenhänge zwischen Würfelnetz und Würfelkörper und entdecken erste Kriterien von Würfelnetzen.
4.	**Wir entdecken verschiedene Würfelnetze** **-** **Die SuS entdecken handlungsorientiert zunächst in Einzelarbeit möglichst viele verschiedene Würfelnetze, vergleichen und sortieren diese in der Gruppenarbeit und präsentieren ihre gefundenen Würfelnetze dem Plenum.** **28.05.2015**	**Die SuS erweitern ihr räumliches Vorstellungsvermögen, indem sie durch handlungsorientierte Auseinandersetzung am Material, sowie durch mentales Operieren und im Austausch mit der Gruppe möglichst viele verschiedene Würfelnetze finden und dabei Kriterien für verschiedene Würfelnetze entdecken und anwenden.**

5.	Wir finden und ordnen alle verschiedenen Würfelnetze - Die SuS sollen in Gruppenarbeit alle elf verschiedenen Würfelnetze entdecken und auf einem Würfelnetzplakat ordnen.	Die SuS sollen die elf verschiedenen Würfelnetzformen finden sowie hinsichtlich ihrer Struktur genauer untersuchen und ihre Entdeckungen mithilfe von Forschermitteln nachvollziehbar darstellen.
6.	Wir erkennen falsche Würfelnetze - Aus vorgegebenen Würfelnetzen sollen die SuS mit einer stetigen Loslösung vom Material falsche von richtigen Würfelnetzen unterscheiden.	Die SuS überprüfen unterschiedliche Würfelnetze handelnd und mental, indem sie Kriterien zur Unterscheidung von falschen und richtigen Würfelnetzen anwenden und vertiefen.
7.	Wir erstellen ein Würfelnetz für unser Kantenmodell - Die SuS erstellen ohne Zuhilfenahme von Material ein Würfelnetz mit Punktemuster (Spielwürfel) für unsere zu Beginn erbauten Kantenmodelle.	Das erworbene Wissen der SuS zur Struktur von Würfelnetzen wird genutzt, um Würfelnetze mental mit Mustern zu entwickeln.

❖ **Zentrale Absicht der Stunde und Lernchancen**

Meine Absicht:

Die SuS erweitern ihr räumliches Vorstellungsvermögen, indem sie durch handlungsorientierte Auseinandersetzung am Material, sowie durch mentales Operieren und im Austausch mit der Gruppe möglichst viele verschiedene Würfelnetze finden und dabei Kriterien für verschiedene Würfelnetze entdecken und anwenden.

Im Sinne meiner formulierten Absicht eröffne ich folgende Lernchancen:

Auf der Ebene der Sacherfahrungen

Die SuS haben die Chance,
- ihr erworbenes Wissen in der Lernaufgabe anzuwenden (Merkmale eines Würfels bzw. Würfelnetzes) und somit falsche Würfelnetze zu erkennen.
- gleiche Würfelnetze durch Drehung und Spieglung zu erkennen (durch Drehung der Würfelnetze oder durch mentales Rotieren).
- Problemlösestrategien zu entwickeln und zu nutzen, indem sie willkürlich probieren oder systematisch verschiedene Möglichkeiten aus sechs Quadraten legen/finden.
- ihr visuelles Wahrnehmungsvermögen zu schulen, indem sie Würfelnetzte herstellen, beschreiben und vergleichen.
- ihr Raumvorstellungsvermögen zu schulen und dadurch den Zusammenhang zwischen Raum (Würfelkörper) und Ebene (Würfelnetz) zu erfahren.
- ihre Vorgehensweise nachvollziehbar zu beschreiben, darzustellen und ggf. zu begründen.
- das Zeichnen von Flächenmodellen eines Würfels zu vertiefen.

Auf der Ebene der Individualerfahrungen

Jede/r SchülerIn hat die Chance,
- eigene Strategien zur Bewältigung der Aufgabe zu entwickeln.
- eine stetige Loslösung vom Material zu vollziehen.
- sich mit Hilfe des „Wortspeichers" in mathematischer Fachsprache auszudrücken.
- nach seinem/ihrem individuellem Lernniveau zu arbeiten und zu entdecken.
- seine/ihre Kommunikations-, Darstellungs- und Reflexionskompetenz zu schulen.

Auf der Ebene der Sozialerfahrungen

Die SuS haben die Chance,
- eigene Vorgehensweisen und Strategien in der Gruppe bzw. Klassengemeinschaft zu kommunizieren.
- in der Gruppenarbeit ihre Kooperationsfähigkeiten zu schulen.
- ihren Mitschülern/-innen Hilfestellung zu geben oder diese anzunehmen.

❖ Sachinformationen zur Stunde

Ein Würfel ist ein Polyeder (Vielflächner) der zu den fünf Platonischen Körpern gehört. Er wird von sechs kongruenten Quadraten begrenzt (Flächen). Der Würfel hat zwölf gleich lange Kanten, wobei an jeder Kante zwei Ecken und zwei Flächen liegen. An jeder der acht Ecken eines Würfels stoßen immer drei Flächen und drei Kanten zusammen.[1]

Schneidet man einen Würfel entlang einiger Kanten auf und breitet die ausgeschnittenen Flächen in der Ebene aus, so erhält man das Netz eines Würfels. Ein Würfelnetz ist somit eine zweidimensionale Abwicklung des Würfels, bestehend aus 6 kongruenten Quadraten (Grundfläche, Deckfläche, vier Seitenflächen).

Um Würfelnetze zu finden bieten sich folgende Möglichkeiten an:
- durch Aufschneiden und Auseinanderklappen eines Würfels
- durch Zusammensetzen von kongruenten Quadraten
- durch Abrollen eines Würfels (nur vier mögliche Würfelnetze)
- durch mentales Operieren

Insgesamt gibt es 35 verschiedene Quadratsechslinge, jedoch lassen sich nur 11 davon zu einem Würfel zusammenklappen.[2] Zwei Netze sind gleich, wenn sie durch Spiegelung oder Drehung aufeinander abgebildet werden können.

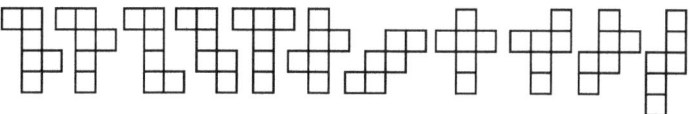

Abb.1: Systematische Darstellung von 11 Würfelnetzen - sechs Würfelnetzen bestehen aus vier aneinander gereihten Quadraten, vier Würfelnetze aus drei aneinander gereihten Quadraten und ein Würfelnetz aus zwei aneinander gereihten Quadraten. [3]

❖ Fachdidaktische Analyse

Das Raumvorstellungsvermögen zu schulen ist eines der Hauptziele des Geometrieunterrichts. Für Kinder ist es von lebenspraktischer Bedeutung zu erlernen sich in einem dreidimensionalen Raum zu orientieren und auch in der Vorstellung damit zu operieren.[4] Zudem wird die Raumvorstellung als ein Faktor menschlicher Intelligenz eingeordnet und entwickelt sich laut den Entwicklungsstufen nach Piaget bis zum 10. Lebensjahr weitgehend aus.[5] Folglich kommt der Behandlung geometrischer Inhalte zur Förderung der räumlichen Fähigkeiten insbesondere in der Grundschule eine wesentliche Bedeutung zu.[6] Eine Möglichkeit, das Raumvorstellungsvermögen der SuS zu fördern und die Beziehungen von Ebene und Raum zu verdeutlichen, stellt die unterrichtliche Behandlung von Würfelnetzen dar.[7] Die SuS kennen den Spielwürfel als geometrischen Körper aus ihrem alltäglichen Leben und erkennen seine charakteristischen Eigenschaften.

---

[1] vgl. Franke: 2007, S. 152
[2] vgl. Radatz et. al.: 1998, S. 162
[3] vgl. Franke: 2007, S. 155
[4] vgl. ebd., S. 27
[5] vgl. ebd., S. 52
[6] vgl. MSW: 2008, S.58
[7] vgl. PIK AS: 2010, S.1

Während bei der visuellen Wahrnehmung mit Material operiert wird, definiert Wollring (1997) das Raumvorstellungsvermögen als ein „mentales Operieren mit räumlichen Objekten".[8] Besonders wichtig für die Entwicklung visueller Fähigkeiten sind die konkreten Handlungserfahrungen mit dem Material, wie beispielsweise die Entdeckungen an Würfelnetzen. So können zunächst Würfelnetze immer wieder mit dem Material gefaltet und überprüft werden. Dabei entstehen aus den sinnlich registrierten Reizen Vorstellungsbilder, die mental abgespeichert, verändert und zueinander in Beziehung gesetzt werden können.[9] Es findet innerhalb der Unterrichtsreihe eine stetige Loslösung vom Material statt. Die SuS führen Handlungen zunehmend im Kopf durch, wie beispielsweise das Drehen, Spiegeln und Falten der Würfelnetze (Raumvorstellungsvermögen).

Im Lehrplan wird unter dem Punkt *Aufgaben und Ziele* „das entdeckende Lernen", „beziehungsreiches Üben" und „der Einsatz ergiebiger Aufgaben" angeführt.[10] Die SuS können bei der Findung möglichst verschiedener Würfelnetze Unterscheidungskriterien entdecken. Zudem können sie das Wissen aus den vorangegangenen Stunden vertiefen und das zunehmend mentale Operieren mit Würfelnetzen üben. Dabei können die SuS die Würfelnetze am konkreten Material legen und falten (enaktive Ebene), auf Papier zeichnerisch übertragen (ikonische Ebene) und ihre Vorgehensweise verbalisieren (symbolische Ebene). Nach den fachdidaktischen Prinzipien eines wünschenswerten Mathematikunterrichts bietet die Lernaufgabe eine „natürliche Differenzierung" und „Handlungsorientierung". Die offene Aufgabenstellung „Finde möglichst viele verschiedene Würfelnetze" gibt bewusst keine Vorgaben hinsichtlich der Anzahl der zu findenden Würfelnetze und kann somit der Leistungsheterogenität der Lerngruppe gerecht werden. Der Schwerpunkt der Stunde ist hier auf den individuellen Lernprozess gerichtet und weniger auf das Endprodukt. Die Bearbeitung der Aufgabe kann entweder mithilfe des Materials oder bereits im Kopf durchgeführt werden.

Durch die Lernaufgabe sollen folgende *prozessbezogene Kompetenzen* vertieft werden:

prozessbezogene Kompetenzen	Didaktische Begründung Die SuS...
Problemlösen/ kreativ sein	- nutzen ihr erworbenes Wissen über Würfelnetze und erschließen Zusammenhänge zwischen Würfelnetz und Würfelkörper (erschließen). - probieren zunehmend systematisch und zielorientiert aus (lösen). - überprüfen und korrigieren gefundene Würfelnetze (überprüfen).
Argumentieren	- erklären Unterscheidungskriterien von Würfelnetzen an Beispielen und vollziehen Begründungen anderer nach (begründen).
Darstellen/ Kommunizieren	- halten ihre Arbeitsergebnisse und Entdeckungen fest (dokumentieren). - stellen ihre Vorgehensweise nachvollziehbar dar (darstellen). - tauschen sich mit ihren Mitschülern über gefundenen Würfelnetze aus (kommunizieren). - verwenden bei der Darstellung ihrer Entdeckungen die geeigneten Fachbegriffe (Fachsprache verwenden).

---

[8] vgl. Merschmeyer-Brüwer : 2003, S. 7
[9] vgl. PIK AS: 2010, S.1
[10] vgl. MSW: 2008, S.60

Diese Stunde ist im Lehrplan dem *Inhaltsbezogenen Bereich* „Raum und Form" zuzuordnen. Die SuS erkennen den geometrischen Körper „Würfel", können ihn benennen und finden für den Würfel verschiedene Netze. [11]

❖ **Analyse der Lernaufgabe**

Die vorliegende Unterrichtsstunde dient dazu, den SuS zunächst durch Handlungserfahrungen einen möglichst eigenaktiven Zugang zu Würfelnetzen zu ermöglichen. Hier geht es nicht darum, dass die Kinder alle verschiedenen Würfelnetze entdecken sollen oder Begründungen finden, warum es keine weiteren mehr gibt. Vielmehr sollen die SuS mithilfe des Materials und durch zunehmend mentales Operieren verschiedene Würfelnetze voneinander unterscheiden und erste Strategien zur Findung weiterer Würfelnetze entwickeln. Dadurch sollen Zusammenhänge zwischen Würfelnetz und Würfelkörper (zwischen Ebene und Raum) erkannt und beschrieben werden.

Die SuS lösen die Lernaufgabe nach dem „Ich-Du-Wir-Prinzip". Zur Problemlösung der Aufgabe „Würfelnetze finden" stehen den SuS in der Ich-Phase jeweils sechs Lokon Quadrate [12] zur Verfügung. Es können Würfelnetze gefunden werden, indem sie das Lokon Würfelmodell entweder auffalten oder aus sechs Lokon Quadraten zusammensetzen und anschließend ihre Lösungen als Papiermodelle festhalten. Zur weiteren Unterstützung stehen den SuS Tipp-Karten zur Verfügung, die ihnen Anregungen für die Suche nach Würfelnetzen geben können. In der Du-Phase stellen sich die SuS ihre gefundenen Würfelnetze gegenseitig vor, vergleichen und sortieren gleiche Würfelnetze auf Stapeln einander zu. Verschiedene Würfelnetze werden auf einem Plakat festgehalten und im gemeinsamen Austausch evtl. weitere Würfelnetze gefunden. Anschließend präsentieren einzelne Gruppen in der Wir-Phase ihre Ergebnisse dem Plenum und es wird über die Kriterien gleicher und verschiedener Würfelnetze argumentiert, indem wir gemeinsam ein Gruppenplakat mit weiteren Würfelnetzen ergänzen. Eventuell werden hier auch ersten Strategien deutlich zur Findung von Würfelnetze und können mit Material veranschaulicht werden.

Im Folgenden wird die Lernaufgabe anhand der Anforderungsbereiche analysiert:[13]
A1 (Reproduzieren): Die SuS kennen erste Kriterien zum Finden von Würfelnetzen aus der vorangegangenen Stunde und können weitere Würfelnetze durch spontanes Probieren entdecken.
A2 (Zusammenhänge herstellen): Die SuS können gedrehte und gespiegelte Würfelnetze voneinander unterscheiden (mentales Rotieren) und Zusammenhänge von gefundenen Würfelnetzen herstellen, indem sie beispielsweise nur einzelne Flächen von bereits gefundenen Würfelnetzen systematisch umlegen (strategisches Vorgehen).
A3 (komplexe Tätigkeiten): Die SuS können grundlegende Strukturen von Würfelnetzen erkennen (bestehen aus sechs zusammengesetzten Flächen, die nur durch bestimmte Anordnungen zum Würfel führen – beispielsweise die Entdeckung der 4er-Struktur). Die SuS können die begrenzte Anzahl von Würfelnetzen begründen.

---

[11] vgl. MSW: 2008, S.65
[12] Lokon Quadrate vom Betzold Verlag sind einzelne Quadrate, die mit einem Stecksystem von einem ebenen Würfelnetz zu einem dreidimensionalen Würfel gefaltet werden können.
[13] vgl. Seminar-Handout (angelehnt an Blum, u. a.: 2006)

Erhebung der Lernvoraussetzungen für die konkrete Stunde

LERNANFORDERUNG	AKTUELLER LERNSTAND	HANDLUNGSKONSEQUENZEN
	in Bezug auf die Sache	
Die SuS sollen falsche Würfelnetze erkennen und die Eigenschaften von Würfelnetzen wiederholen.	Die SuS können auf ihre bereits gemachten Erfahrungen in der vorangegangenen Stunde zurückgreifen. Insbesondere xxx haben schon ein gutes Raumvorstellungsvermögen und können falsche Würfelnetze identifizieren und wichtige Eigenschaften benennen. Vielen Kindern fällt das mentale Operieren jedoch noch sehr schwer, zudem beteiligen sich xxx nur selten an Unterrichtsgesprächen.	Ich gehe davon aus, dass die die erst genannten Kinder das Gespräch tragen werden, indem sie ihre aufgebauten Konzepte und Vorstellungen äußern. Durch den motivierenden Stundeninhalt, versuche ich auch die weniger leistungsfreudigen Kinder für die Sache zu gewinnen und unterstütze ihr Raumvorstellungsvermögen mit konkreten Material. Durch die gemeinsame Sammlung von Eigenschaften im Wortspeicher, versuche ich möglichst vielen Kindern eine Versprachlichung ihrer Vorstellungen zu ermöglichen.
Die SuS sollen verschiedene Würfelnetze finden.	Die meisten Kinder werden zunächst willkürlich am Material probieren, um verschiedene Würfelnetze zu finden und diese dann zu zeichnen. Hier ist es möglich, dass die SuS gedrehte oder spiegelverkehrte Würfelnetze als gleich ansehen. Vor allem xxx traue ich zu evtl. erste Systematiken anzuwenden oder auch mental Würfelnetze zu „falten" und ohne Material aufzuzeichnen.	Die Bearbeitung der Aufgabe kann entweder mithilfe des Materials oder bereits im Kopf durchgeführt werden. Um allen Kindern eine erfolgreiche Bearbeitung zu ermöglichen, stehen Tipp-Karten zur Verfügung. Sollten die SuS gedrehte oder spiegelverkehrte Würfelnetze als gleich ansehen, wird dies möglicherweise eine Diskussion beim Sortieren der Netze in der Gruppenarbeit anregen, durch die verschiedenen Sichtweisen der anderen Kinder. Situationsabhängig gebe ich hier auch Impulse zum Drehen und Umdrehen der Netze.
Die SuS sollen gefundene Würfelnetze aufzeichnen.	Die SuS haben noch wenig Vorerfahrung damit, geometrische Formen zu zeichnen oder Formen auf einen kleineren Maßstab zu übertragen. Insbesondere xxx könnte diese Aufgabe überfordern, da sie Schwierigkeiten haben mathematische Vorgehensweisen zu verbalisieren.	Daher habe ich mich dazu entschieden, für den Beginn der Unterrichtsreihe vorgegebene Kästchen im gleichen Maßstab, wie das Material zu wählen.
Die SuS sollen ihre Vorgehensweise nachvollziehbar beschreiben.		Ich habe mich für eine offene Aufgabenstellung entschieden, die ohne ein bestimmtes Vorgehen lösbar ist, sodass auch das Probieren eine zielführende Vorgehensweise beschreiben kann.

Lernbereich			
in Bezug auf Methoden und Medien			
fächerübergreifende Arbeitsmethoden	Die SuS sollen ihre Ergebnisse präsentieren.	Der Lerngruppe ist das Präsentieren zwar bekannt, aber kein routiniertes Ritual.	Ggf. werde ich Impulse zum Vorgehen beim Präsentieren geben.
in Bezug auf Basiskompetenzen			
soziale Kompetenz	• Gruppenarbeit	Die Lerngruppe arbeitet oft in kooperativen Arbeitsformen und hält sich dabei an wichtige Regeln. **xxx**möchten oftmals nicht mit dem vorgegebenen Partner zusammenarbeiten.	Die Gruppenarbeit wird unterstützt und strukturiert durch verschiedene Rollen der Kinder – den Zeitwächter, den Materialmanager und den Schreiber. In der vorliegenden Stunde werde ich erneut die Zusammenarbeit in der Gruppe ansprechen und auf wichtige Regeln hinweisen.
personale Kompetenz	• Arbeits- und Leistungsverhalten	**xxx** hat Probleme, sich auf Lernaufgaben im Allgemeinen einzulassen. Sie neigt dazu bei komplizierten Aufgaben schnell aufzugeben und sich mit etwas anderem zu beschäftigen oder andere Mitschüler abzulenken. **xxx** haben ein sehr langsames Arbeitstempo.	Durch den handlungsorientierte Anreiz werden sie motiviert die Lernaufgabe lösen zu wollen. Durch den Austausch der Ergebnisse in der Gruppenarbeit können auch die langsamen SuS davon profitieren. Sollte es dennoch dazu kommen, dass xxx sich überfordert fühlt, wird sie durch die Gruppenarbeit unterstützt.

❖ **Besondere Informationen zur Lerngruppe**

In der Klasse 3c herrscht eine große Leistungsheterogenität im Fach Mathematik.

Vier Kinder mit besonderem Förderbedarf erfahren derzeit Unterstützung von einer Sonderpädagogin, die sie im Fach Mathematik auf ihrem Niveau, durch geeignetes Material entsprechend fördert.

❖ **Darstellung des Unterrichtsverlaufes**

Methodische Entscheidungen	Begründung
Die SuS stellen den Stundenverlauf inhaltlich und methodisch vor. (im Kinokreis)	Ziel- und Verlaufstransparenz der Stunde werden gegeben.
Anknüpfung an die vorangegangene Stunde. (im Kinokreis)	Die SuS wiederholen mündlich die erarbeiteten Eigenschaften und Begriffe zu „Würfelnetzen" mit Unterstützung des Lernplakates und des konkreten Materials, um diese Aspekte in der heutigen Stunde wieder aufgreifen zu können.
Die SuS lesen das Stundenthema vor. (im Kinokreis)	Die Klärung des Stundenthemas bereitet die SuS auf die Lernaufgabe vor. (erweiterte Zieltransparenz)
Einstieg: stummer Impuls <ul><li>Es werden ein falsches und ein richtiges Würfelnetz präsentiert.</li></ul> (im Kinokreis)	Die SuS verbalisieren erste Kriterien für Würfelnetze und werden motiviert noch weitere funktionierende Würfelnetze zu finden.
Die Lernaufgabe wird im Plenum geklärt – der Arbeitsauftrag wird durch eine Probehandlung verdeutlicht und auf die Arbeitsmaterialien sowie auf die Regeln in der Einzel- und Gruppenarbeit hingewiesen. (im Kinokreis)	Die gemeinsame Klärung der Lernaufgabe und der visuell unterstützte Arbeitsauftrag ermöglicht den SuS Arbeitstransparenz. Als Orientierungshilfe führe ich vor Beginn der Arbeitsphase eine Probehandlung mit Material durch - Rückfragen und Unsicherheiten können geklärt werden.
„Finde möglichst viele verschiedene Würfelnetze" <ul><li>evtl. Tipp-Karten</li></ul> (Einzelarbeit)	So können die SuS zunächst eigene Unterscheidungskriterien und Strategien zur Problemlösung finden. Um allen Kindern eine erfolgreiche Bearbeitung der Aufgabe zu ermöglichen, können sie auf zwei Tipp-Karten zurückgreifen, die ihnen Anhaltspunkte für die Suche weiterer Würfelnetze geben.
Die SuS gehen mit einem akustischen Signal in die vorgegebene Gruppenarbeit. <ul><li>evtl. Tipp-Karten/ Zusatzaufgabe</li></ul> (3er bzw. 4er-Gruppenarbeit)	Ich habe die Gruppenarbeit an dieser Stelle vorgegeben, da durch einen flexiblen Übergang zur Gruppenarbeit in dieser Lerngruppe oftmals leistungshomogene Gruppen entstehen, so dass leistungsschwache SuS keine Unterstützung durch die anderen Kinder erfahren können. Bei der Zusammensetzung der Gruppen habe ich bevorzugt heterogene Gruppen bzgl. der Kommunikationsbereitschaft/ Vorwissen/ mathematische Fähigkeiten gebildet und die Beziehungen der Kinder untereinander berücksichtigt. Die Gruppenarbeit ermöglicht den SuS den Austausch verschiedener Vorstellungen und Konzepte zur Findung von Würfelnetzen und schult die Kinder in ihren kooperativen Fähigkeiten. Frühzeitig fertige Gruppen können sich mit einer Zusatzaufgabe vertiefend mit dem Lerninhalt auseinandersetzen.

Der Kinokreis wird erneut geordnet aufgebaut.	Der Kinokreis ermöglicht den SuS eine hohe Aufmerksamkeit gelöst von Arbeitsmaterialien und ein Gespräch miteinander, durch den gegenseitigen Blickkontakt.
Ausblick auf die kommende Stunde „Wir finden alle verschiedenen Würfelnetze"	Den SuS soll eine Verlaufstransparenz deutlich werden, um in der nächsten Unterrichtsstunde an dieser anknüpfen zu können.

❖ Lernkomponenten

Initiation	Orientierung
Einstieg: • Anknüpfung an die vorangegangenen Stunden • stummer Impuls: Es werden ein falsches und ein richtiges Würfelnetz präsentiert.	• Ziel-, Zeit-, Verlaufstransparenz • Besprechung der Lernaufgabe • Wortspeicherplakat • Material Lokon Quadrate • Tipp-Karten • vorstrukturiertes Plakat • Arbeitsauftrag Gruppenarbeit • vorgegebene Gruppenarbeit mit Rollen • akustisches Signal zum Phasenwechsel

Integration
Die SuS haben die Möglichkeit ihr bereits erworbenes Wissen über die Zusammenhänge zwischen Würfelnetz und Würfelkörper zu nutzen und erste Kriterien zur Suche von verschiedenen Würfelnetzen in der heutigen Lernaufgabe anzuwenden.

Transformation	Reflexion/Präsentation
Einzelarbeit: • Mithilfe des Materials probieren die SuS verschiedene Würfelnetzformen aus und halten ihre Lösungen als Papiermodelle fest. Gruppenarbeit: • Die SuS tauschen sich über ihre gefundenen Würfelnetze aus, sortieren diese und halten verschiedene Würfelnetze auf einem Plakat fest. Die SuS finden gemeinsam weitere verschiedene Würfelnetze.	• Die SuS bearbeiten die Zusatzaufgabe und reflektieren ihren Vorgehensweise. • Im Kinokreis präsentieren einzelne Gruppen ihre Ergebnisse und beschreiben ihre Vorgehensweise. Es werden thematisierte Aspekte aus der Gruppenarbeit noch einmal aufgegriffen.

❖ Quellennachweis

Franke, M.: Didaktik der Geometrie in der Grundschule (2. Aufl.). Heidelberg 2007:
Spektrum Akademischer Verlag

Merschmeyer-Brüwer, C.: Zur Sache: Raum und Form begreifen und sich vorstellen. In Mathematik
Differenziert: Raum und Form, Vorstellung und Verständnis, Heft 1/2011, S. 6-9

Ministerium für Schule und Weiterbildung des Landes Nordrhein- Westfalen: Lehrplan Mathematik für die
Grundschulen des Landes Nordrhein- Westfalen. Düsseldorf 2008

Raddatz, H.; Schipper, W.: Handbuch für den Mathematikunterricht an Grundschulen. Hannover 1998:
Schroedel Schulbuchverlag.

Walther, G.; van den Heuvel-Panhuizen, M.; Granzer, D. & Köller, O.: Bildungsstandards für die Grundschule:
Mathematik Konkret. Berlin 2012 (6. Auflage): Cornelsen Verlag.

Wollring, B. (2011): Raum- und Formvorstellung. In Mathematik Differenziert: Raum und Form, Vorstellung
und Verständnis, Heft 1/2011, S. 9-12

Arbeitsblätter und Umsetzungsideen der Unterrichtsreihe sind angelehnt an:

Pik As: Würfelnetze als geeignetes Aufgabenformat zur Schulung des Raumvorstellungsvermögens
(Haus 7, gute Aufgaben). Online im Internet unter: http://pikas.dzlm.de/material-pik/herausfordernde-
lernangebote/haus-7-unterrichts-material/wrfelnetze/wrfelnetze.html (abgerufen am 06.05.2015;
17:30 Uhr)

Wollring (2007): Würfelnetze finden und ordnen – Design von Lernumgebungen zu Raum und Form in der
Grundschule. Online im Internet:
http://www.sinusangrundschulen.de/fileadmin/MaterialienIPN/Wollring-
Wuerfelnetze_finden_und_ordnen_43_f_Erkner_07-06-22.pdf (abgerufen am 16.05.2015; 12:30 Uhr)

Arbeitsauftrag Gruppenarbeit

1. Stellt euch nacheinander eure gefundenen Würfelnetze vor.

2. Legt eure gefundenen Würfelnetze in die Tischmitte und stapelt gleiche
   Würfelnetze aufeinander.

   Wie findet ihr gleiche Würfelnetze?

3. Klebt verschiedene Würfelnetze auf euer Plakat und findet gemeinsam weitere
   Würfelnetze.

☆ ## Forscheraufgabe:

Tipp: Ihr könnt auch zeichnen!

Habt ihr einen Trick, wie ihr verschiedene Würfelnetze gefunden habt?

Zusatzaufgabe:

Warum seid ihr sicher, dass ihr alle Würfelnetze gefunden habt?

_____

_____

_____

_____

Tipp: Ihr könnt auch zeichnen!

So kannst du weitere Würfelnetze finden:

Lege zuerst eine Viererstange und zwei weitere
Quadrate so an, dass ein Würfelnetz entsteht.

Lass ein einzelnes Quadrat entlang
der Viererstange „wandern".

Überprüfe, ob ein neues Würfelnetz entstanden ist.

So kannst du weitere Würfelnetze finden:

Lege zuerst einen Drilling und drei weitere
Quadrate so an, dass ein Würfelnetz entsteht.

Lass ein einzelnes Quadrat entlang
des Drillings „wandern".

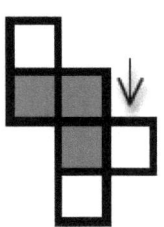

Überprüfe, ob ein neues Würfelnetz entstanden ist.